世界银行赠款项目资助

乡级兽医人员高致病性禽流感
防控知识培训教材

侯广宇　宋俊霞　侯玉慧　主编

中国农业科学技术出版社

图书在版编目（CIP）数据

乡级兽医人员高致病性禽流感防控知识培训教材/侯广宇，宋俊霞，
侯玉慧主编. —北京：中国农业科学技术出版社，2009.7
　ISBN 978 - 7 - 80233 - 963 - 7

　Ⅰ. 乡…　Ⅱ. ①侯…　②宋…　③侯…　Ⅲ. ①禽病：流行性感冒—防治—技
术培训—教材　②人畜共患病：流行性感冒—防治—技术培训—教材　Ⅳ. S858.3
R511.7

　中国版本图书馆 CIP 数据核字（2009）第 127754 号

责任编辑	贺可香
责任校对	贾晓红
出版发行	中国农业科学技术出版社
	北京市中关村南大街 12 号　邮编：100081
电　　话	（010）82109709（编辑室）（010）82109702（发行部）
	（010）82109703（读者服务部）
传　　真	（010）82109709
网　　址	http://www.castp.cn
经 销 者	新华书店北京发行所
印 刷 者	北京富泰印刷有限责任公司
开　　本	148 mm ×210 mm　1/32
印　　张	2.375
字　　数	80 千字
版　　次	2009 年 8 月第 1 版
印　　次	2009 年 8 月第 1 次印刷
定　　价	10.00 元

主　　编　侯广宇　宋俊霞　侯玉慧

参编人员　于丽萍　耿大立　王世勇　朱良强

　　　　　占松鹤　齐　欣　王若军　蒋文明

　　　　　刘　朔　孙映雪　李金平　陈继明

前言

　　高致病性禽流感是一种危害极大的动物疫病。很久以前，欧美一些国家就发现了该病的存在。近年来，该病传到我国，不仅引起养禽业的巨大损失，而且已经导致数十人感染死亡。由于它对我国而言是一种新的动物疫病，很多乡级兽医人员对它的特性以及防控措施缺少了解，所以很有必要针对乡级兽医人员，开展高致病性禽流感防控知识培训，使他们在这种疫病的防控工作中能够发挥应有的作用。实际上，很多地方每年都开展这项培训工作。然而，一直没有合适的培训教材。

　　根据农业部兽医局的指示，在世界银行的资助下，参照农业部颁发的《高致病性禽流感防治技术规范》，我们编写了这本培训教材。我们力求用通俗易懂的语言和较多的图，阐述乡级兽医人员需要掌握的高致病性禽流感防控基础知识，包括国家针对高致病性禽流感的防控政策、高致病性禽流感临床症状、流行病学特征、综合预防措施、疫苗接种方法、样品采集方法、可疑疫情的报告程序、流行病学调查方法，以及人员防护措施。

　　除乡级兽医人员外，这本教材对县级兽医技术人员以及家禽养殖者也有参考作用。

　　在这本教材编写过程中，我们在安徽和辽宁两省6个县市兽医部门，开展了一些调查工作，又在一些地方试用了这本教材，还邀请国内一些专家和兽医官员针对这本教材提出建议和意见，力求这本教材的编写具有针对性、实用性和科学性。

　　由于我们水平有限，本教材难免存在一些不足之处，敬请读者批评指正。

编者

2009 年 8 月

目录

本教材含有 12 个知识点

一、高致病性禽流感基础知识

- 什么是禽流感？
- 禽流感有哪些症状？
- 什么是 H5N1 亚型禽流感病毒？
- 禽流感病毒和人流感病毒有什么不同之处？
- 为什么有些禽流感病毒致病能力很强？
- 什么是高致病性禽流感？
- 高致病性禽流感有哪些危害？
- 为什么禽流感病毒会感染人？
- 为什么禽流感病毒会引起人流感大流行？
- 人流感大流行与一般的人流感有什么不同？
- 以前有高致病性禽流感疫情吗？
- 近年来 H5N1 亚型高致病性禽流感有何严峻形势？

什么是禽流感？

➤ 禽流感是家禽和野鸟的一种传染病。

➤ 它的病原是禽流感病毒。

➤ 鸡、鸭、鹅、鹌鹑、喜鹊等多种家禽和野鸟，都可以感染禽流感病毒。

家禽或野鸟感染禽流感病毒后，表现的临床症状不同

有的不表现任何临床症状

有的表现大量发病和死亡

为什么出现不同的临床表现呢?

主要有三个方面的原因:

➤ **宿主的原因**:有些禽流感病毒对鸭、鸽子等禽鸟致病力较弱,但是对鸡、鹌鹑等禽鸟的致病力较强;

➤ **免疫的原因**:有些禽鸟因为以前感染过禽流感病毒,或者人工接种过禽流感疫苗,它们获得了对禽流感病毒的免疫力;

➤ **病毒的原因**:有些致病力很强,有些致病力很弱。

什么是 H5N1 亚型禽流感病毒?

➤ 流感病毒表面有 HA 和 NA 两种蛋白。

➤ 根据 HA 蛋白的不同,禽流感病毒分成 16 个亚型(H1 至 H16)。

➤ 根据 NA 蛋白的不同,禽流感病毒分成 9 个亚型(N1 至 N9)。

➤ 它们的组合,形成了几十个亚型的流感病毒,如 H5N1 亚型禽流感病毒在 HA 蛋白上,属于 H5 亚型,在 NA 蛋白上,属于 N1 亚型。

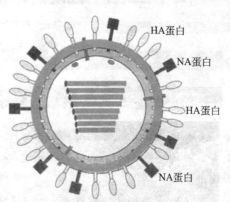

HA蛋白

NA蛋白

HA蛋白

NA蛋白

禽流感病毒模式图

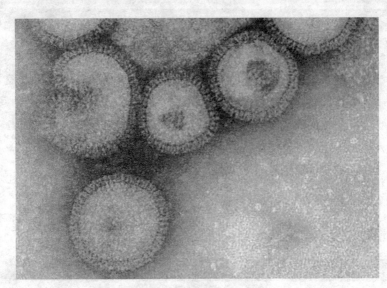

禽流感病毒的电子显微镜照片

（大约放大了 5 万倍）

禽流感病毒和人流感病毒有什么不同之处（1）？

➤ 两者都是流感病毒。

➤ 流感病毒除了禽流感病毒之外，还有马流感病毒、猪流感病毒。

➤ 同一亚型的流感病毒，如 H3 亚型的流感病毒，有些是禽流感病毒，有些是人流感病毒，有些是马流感病毒，有些是猪流感病毒，但是它们 HA 蛋白的序列通常有显著的差异。

禽流感病毒和人流感病毒有什么不同之处（2）？

➤ 由于 HA 蛋白序列上有差异，禽流感病毒一般只感染禽；人流感病毒一般只感染人。

➤ 从历史来看，人流感病毒都可以认为是禽流感病毒通过基因变异，获得感染人的能力后，在人群中传播和繁衍下去而形成的。

为什么有些禽流感病毒致病能力很强？

➤ 禽流感病毒的致病能力主要也是由前面提到的病毒 HA 蛋白的序列决定的。

➤ 致病能力强的禽流感病毒通常能够进入禽鸟的血液里面，在禽鸟多个器官增殖，引起禽鸟发病。

➤ 致病能力弱的禽流感病毒通常不能进入禽鸟的血液里面，只能在禽鸟的呼吸道黏膜、消化道黏膜增殖，引起禽鸟的症状比较轻微。

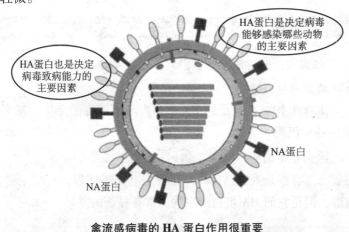

禽流感病毒的 HA 蛋白作用很重要

什么是高致病性禽流感？

➢ 致病力很强的禽流感病毒叫做高致病性禽流感病毒。

➢ 到目前为止，高致病性禽流感病毒要么是 H5 亚型，要么是 H7 亚型。

➢ 经过长期监测，在我国家禽和野鸟中，没有发现 H7 亚型高致病性禽流感病毒。

➢ 由高致病性禽流感病毒引起的家禽或野鸟的感染，无论是否出现临床症状，都称为高致病性禽流感。

什么是低致病性禽流感？

➢ 致病力低的禽流感病毒引起的禽类动物感染，称为低致病性禽流感。

➢ 目前我国各地发现的 H9 亚型禽流感病毒的感染，都属于低致病性禽流感。

高致病性禽流感有哪些危害（1）？

1. 造成直接经济损失，引起家禽大量发病死亡。

高致病性禽流感有哪些危害（2）？

2. 政府需要采取重大紧急措施，包括扑杀感染或可能感染的家禽，封锁交通，消毒等，防止疫情扩散蔓延，造成巨大的间接经济损失和社会负面影响。

近年来，高致病性禽流感
对人类的健康还构成巨大威胁

> 1997 年，H5N1 亚型高致病性禽流感病毒在中国香港至少感染了 18 人，其中 6 人死亡。

> 2003 年至 2009 年 2 月 10 日，全球共有 15 个国家向世界卫生组织通报了人感染 H5N1 亚型高致病性禽流感的病例，共有 406 例，其中 254 人死亡。

> 病死率约为 62.5%。

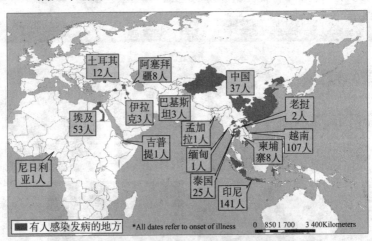

土耳其
12 人

阿塞拜
疆 8 人

中国
37 人

埃及
53 人

伊拉
克 3 人

巴基斯
坦 3 人

老挝
2 人

吉普
提 1 人

孟加
拉 1 人

越南
107 人

尼日利
亚 1 人

缅甸
1 人

柬埔
寨 8 人

泰国
25 人

印尼
141 人

■ 有人感染发病的地方　*All dates refer to onset of illness　0　850 1 700　3 400Kilometers

2003 年至 2009 年 2 月全球人禽流感 406 病例分布

为什么禽流感病毒会感染人?

➤ 具体的原因还不清楚。

➤ 到目前为止,H5N1 亚型高致病性禽流感病毒只能感染少数人,被感染的人中只有很少一部分会发病。

➤ 研究发现,近年来,随着 H5N1 亚型高致病性禽流感病毒基因的变异,此病毒对包括人在内的哺乳动物的感染力和致病力有所增强。

哪些人感染 H5N1 亚型高致病性禽流感病毒后,会发病呢?

➤ 目前,还不清楚到底哪些人感染后会发病,估计与每个人的遗传体质和免疫力有关。

➤ 有项调查表明,接触病死禽、邻居家有病死禽、去有活禽的农贸市场、接触活禽后不及时洗手、身体虚弱(含孕妇)等,可能是人感染禽流感病毒的危险因素。

为什么目前人们担心禽流感病毒会引起人流感大流行呢？

➢ 目前 H5N1 亚型高致病性禽流感病毒在全球的污染面特别大，特别是水禽可以长期携带此病毒。

➢ 每一个 H5N1 亚型高致病性禽流感病毒在传代的过程中，都会发生变异。

➢ 有可能某个地方某个 H5N1 亚型高致病性禽流感病毒通过变异，获得很强的感染人的能力，那么这个病毒就有可能引起人流感大流行。

人流感大流行与一般的人流感有什么不同？

➢ 医学上，流感又叫流行性感冒，通常流感的症状比普通感冒的症状严重得多，而人流感大流行比流感更要严重得多。

➢ 对于人流感大流行，人群中普遍缺乏免疫力，所以病死率很高。

➢ 据估计，如果 H5N1 亚型高致病性禽流感变异后，引起人流感大流行，估计在全球要夺取数百万人的生命！

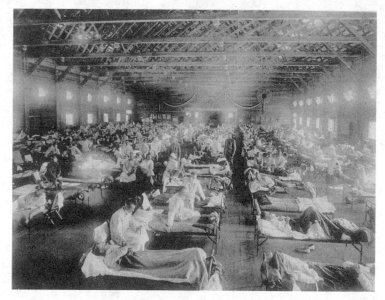

第一次世界大战期间发生了一次人流感大流行。此图是当时一个临时病房，里面是被隔离的患流感的病人。那次流感大流行在全球导致了数千万人死亡。

以前有高致病性禽流感疫情吗？

➢ 1878 年，我国清朝光绪年间，意大利发生了高致病性禽流感疫情，并且在意大利持续了半个世纪。

➢ 第一次世界大战期间，高致病性禽流感在欧洲发生大流行。

➢ 因此，高致病性禽流感又被称为"欧洲鸡瘟"。

➢ 2000 年以前，此病在欧洲、美洲、大洋洲引起了 20 多起重大疫情。

近年来出现的严峻形势

➢ 2003 年底，H5N1 亚型高致病性禽流感开始以前所未有的严峻态势，在西半球发生大流行。

➢ 2003 年 12 月，H5N1 亚型高致病性禽流感疫情在韩国和越南最先暴发。

➢ 在此后一个月里，疫情迅速蔓延到整个东亚和东南亚。

➢ 2005 年 7 月，疫情蔓延到中亚和欧洲。

➢ 2006 年 1 月，疫情进入非洲。

➢ 2007～2008 年，疫情继续在亚洲、非洲和欧洲多个国家暴发。

全球总体疫情情况

➢ 迄今为止，亚洲、欧洲和非洲共有 63 个国家和地区先后在家禽或野禽中，暴发了高致病性禽流感疫情。

➢ 其中，亚洲国家和地区 25 个，欧洲 27 个，非洲 11 个。

➢ 2003 年以来，因为 H5N1 亚型高致病性禽流感疫情，全球累计扑杀各类家禽/野禽近 3 亿只。

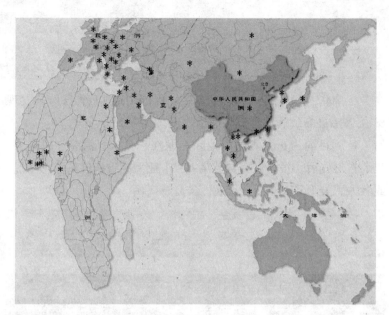

2003 年以来，发生 H5N1 亚型高致病性禽流感疫情的国家或地区（用星号标记）。

近年来，我国 H5N1 亚型高致病性禽流感疫情基本状况

➤ 1996 年，我国从广东首次分离到 H5N1 亚型高致病性禽流感病毒，标志着此病开始传入我国。

➤ 由于我国家禽饲养量大，饲养水平较低，活禽交易和运输频繁，导致我国成为 H5N1 亚型高致病性禽流感重灾区。

➤ 2004 年 1 月至 2008 年，中国内地先后有 23 个省份发生 101 起高致病性禽流感疫情，共扑杀家禽 3 500 余万只。

➤ 2003 年 1 月至 2009 年 2 月，我国内地 17 个省份共发现 38 例人感染高致病性禽流感确诊病例，其中 25 人死亡。

➤ 到目前为止，我国内地除黑龙江、重庆、河北、海南外，其余省份先后均报告过家禽感染 H5N1 亚型高致病性禽流感情况，或者人感染 H5N1 亚型高致病性禽流感病例。

目前，我国 H5N1 亚型高致病性禽流感有何发展态势？

随着实施免疫加扑杀的综合防控政策，我国内地每年发生的高致病性禽流感疫情次数明显降低：

➤ 2004 年共发生 50 起家禽疫情；

➤ 2005 年共发生 31 起家禽疫情；

➤ 2006 年共发生 10 起家禽疫情；

➤ 2007 年共发生 3 起家禽疫情；

➤ 2008 年共发生 6 起家禽疫情。

但是，防控形势不容乐观！

➢ 家禽中，此病毒的污染面仍然比较广泛；

➢ 不少种类的野鸟自然携带此种危险的病毒；

➢ 病毒在变异，并且有可能因为变异导致免疫失败；

➢ 家禽疫情仍然可能继续发生；

➢ 人的病例可能还会陆续零星出现；

➢ 所以各项防控工作不能松懈。

二、高致病性禽流感防控政策和措施

- 国际社会高度关注
- 我国各级政府高度关注
- 防控方针
- 有关的法律法规
- 综合防控措施

国际社会高度关注高致病性禽流感

➢ 高致病性禽流感疫情在众多国家和地区持续蔓延；

➢ 是全球性重大公共卫生安全问题；

➢ 是国际社会面临的共同威胁和挑战；

➢ 各国政府和有关国际组织高度关注。

我国各级政府高度关注高致病性禽流感

➢ 胡锦涛主席、温家宝总理多次针对禽流感防控工作作出重要批示。

➢ 国务院成立并长期维持着全国防治高致病性禽流感指挥部。

➢ 各级政府各个部门制定了应急预案。

➢ 农业部和其他部委密切配合，出台多项管理措施。

➢ 每年各级政府召开多次会议，加强和部署禽流感的防控工作。

24 字防控方针

- ➤ 加强领导
- ➤ 密切配合
- ➤ 依靠科学
- ➤ 依法防治
- ➤ 群防群控
- ➤ 果断处置

我国政府采取八个方面的综合措施

➤ 健全重大动物疫病防控法律法规体系，完善禽流感疫情应急反应机制；

➤ 推进兽医体制改革，切实完善重大动物疫病防控体系建设；

➤ 执行强制免疫政策，构筑坚实可靠的防疫屏障；

➤ 严格动物卫生监督执法工作，加强检疫监管和活禽交易市场管理；

➤ 强化疫情监测与流行病学调查，建立健全禽流感预警机制；

➤ 及时果断处置突发疫情，防止疫情扩散蔓延；

➤ 推进养殖模式转变，维护家禽业稳定发展；

➤ 积极推进兽医领域国际交流合作。

有关的法律法规

➤ 中华人民共和国动物防疫法；

➤ 重大动物疫情应急条例；

➤ 国家突发重大动物疫情应急预案；

➤ 全国高致病性禽流感应急预案；

➤ 高致病性禽流感防治技术规范；

➤ 农业部门应对人间发生高致病性禽流感疫情应急预案。

从互联网上检索相关的法律法规

在 www. baidu. com 搜索引擎中输入对应的法律法规的名称，就可以检索到具体的内容。

三、高致病性禽流感临床诊断

- 肉鸡的症状
- 蛋鸡的症状
- 水禽的症状
- 剖检特征
- 鉴别诊断
- 实验室诊断

临床上最显著的特征：禽鸟大量发病死亡

死亡增多　采食下降

肉鸡：精神不振，发烧，站立不稳

肉鸡：头部的鸡冠和肉垂发紫

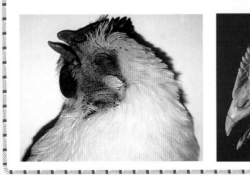

肉鸡：脚鳞出血

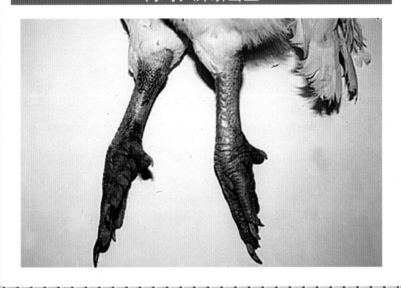

蛋鸡的症状可能有所不同

鸡冠变为苍白无力

病鸡不爱动，随后出现死亡

有时采食量和产蛋量都显著下降

有时产软壳蛋

鸭、鹅也会出现不同的症状

➤ 可能没有什么症状。

➤ 如果出现症状，多以神经症状为主，如扭颈、颤抖、行动失调。

有的不表现任何临床症状　　　有的表现出神经症状　　　有的会大量发病死亡

剖检的特征：气管、腺胃、肠、心脏、肾、脾、脑等多个器官出血

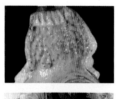

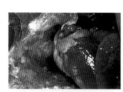

临床表现是不能确诊高致病性禽流感的！

有三个原因：
- ➤ 不是所有感染的家禽都发病；
- ➤ 不是所有发病的家禽都表现出典型的症状；
- ➤ 没有哪一个症状是高致病性禽流感特有的。

和新城疫的区别

- ➤ 新城疫可能不会发生脚鳞出血；
- ➤ 新城疫的神经症状可能更为显著；
- ➤ 但是，临床上是不能区分新城疫和高致病性禽流感的！

和禽霍乱的区别

- ➤ 禽霍乱一般不会发生脚鳞出血。
- ➤ 四个月以下的鸡很少发生禽霍乱。
- ➤ 禽霍乱以水样黄色或绿色拉稀为主。

实验室诊断

➤病原检测：PCR 检测病毒的核酸（省里可以做），病原分离和鉴定（由于生物安全的原因，只有农业部认可的实验室才能开展这项检测）。

➤抗体检测：可以用于免疫效果的监测；对于没有免疫 H5 亚型禽流感疫苗的禽鸟，如果 H5 亚型禽流感抗体阳性，则说明对应的禽鸟很有可能感染过 H5 亚型禽流感病毒。

四、高致病性禽流感流行病学特征

- 易感动物
- 传染源
- 传播途径
- 时间和地理分布

易感动物

➤ 鸡、火鸡、鸭、鹅、鹌鹑、鸵鸟、麻雀、喜鹊、乌鸦等多种家禽和野鸟都容易感染高致病性禽流感病毒。

➤ 病毒主要是经呼吸道或消化道感染禽鸟的。

传染源

➤ 传染源主要为高致病性禽流感病毒感染的家禽或野鸟。

➤ 一些野鸟，特别是野鸭，感染此病病毒，但是不表现临床症状。

➤ 鸭和鹅是重要的传染源，它们通常不表现临床症状。

➤ 感染的家禽粪便携带大量的病毒，管好家禽的粪便很重要。

➤ 粪便中的病毒可以造成水、饲料、灰尘、鞋和衣服、蛋托、车辆的污染。随着这些物体的流动，可发生疫情的扩散。

传播途径

➢ 主要是通过接触感染禽（野鸟）及其分泌物和排泄物、污染的饲料、水、蛋托（箱）、垫草、种蛋等媒介传播，也可通过气源性媒介传播。

被感染的
家禽或野鸟

禽鸟的粪
便很关键

水源、车辆、饲料、   容易感染的
衣服、鞋底、蛋托等   →   家禽或野鸟
被污染

以下一些行为可能传播高致病性禽流感

➢ 引进外观健康的，但是处于此病隐性感染或潜伏期的家禽。

➢ 收购禽毛、禽蛋甚至病死禽的小贩到过有高致病性禽流感病毒活禽交易市场，病毒借助他们的衣服、鞋子、交通工具、笼具等传播到新的禽群。

➢ 携带病毒的野鸟将其粪便拉在散养家禽的山坡上。

➢ 携带病毒的禽鸟（特别是鸭和鹅）的粪便污染了池塘里或河流里的水，鸡喝了这种水而被感染。

时间和地理分布特点

➤季节上，本病一年四季均可发生，但冬、春季节多发。

➤地理上，本病容易发生于一些防疫措施（包括饲养条件、免疫措施、消毒）不足的地区、水禽（鸭或鹅）饲养密度较高的地区、野生水鸟密集的地区，并且这些地区一旦发生疫情，难以根除。

➤活禽交易市场的禽容易感染高致病性禽流感。

五、高致病性禽流感综合预防措施

1. 保持距离才有安全

- 禁止人员随意出入养殖场
- 用墙、篱笆等设施防止所养的禽外出
- 不要和其他禽鸟接触

3. 不要把病带入养殖场

- 进场的笼具、蛋托等需要消毒
- 进场的汽车需要消毒
- 新进的禽需要先隔离一段时间

5. 认识可疑疫情

- 突然有较多的禽发生死亡，有时表现采食或产蛋大量下降
- 排除中毒、鸭瘟和禽霍乱的可能

2. 营养和卫生才有安全

- 和禽鸟接触后，要洗手和换洗衣服
- 经常打扫和消毒养殖场所、笼具
- 保持家禽饮水卫生

4. 接种疫苗保证安全

- 采用政府指定的疫苗
- 用正确的方法接种疫苗
- 通过抗体检测明确疫苗免疫效果

6. 尽早报告可疑疫情

- 发现可疑疫情后，应尽早报告当地兽医部门
- 采取隔离措施，不外运禽和有关物品

专家的建议

➢ 鸡与鸭或鹅不要混养；

➢ 不要在大量饲养鸭或鹅的地区办养鸡场；

➢ 不要在交通要道附近办养鸡场；

➢ 建立健全养殖场卫生防疫制度，做好养殖场清洁卫生消毒；

➢ 加强养殖场管理，减少养殖场人员与车辆流动；

➢ 采用设置防鸟网等方法，防止野鸟飞入养殖场；

➢ 按照政府要求，接种 H5 亚型禽流感疫苗。

六、高致病性禽流感疫苗的接种

- 我国高致病性禽流感免疫政策是什么?
- 如何选择合适的疫苗?
- 疫苗如何保存和运输?
- 如何确定免疫程序?
- 疫苗免疫接种有哪些注意事项?
- 如何进行疫苗接种?

高致病性禽流感免疫政策

➢ 所有易感禽类饲养者必须按国家制定的免疫程序做好免疫接种。

➢ 对防疫条件好、进口国有要求的出口企业，以及提供研究和疫苗生产用途的家禽，报经省级兽医行政管理部门批准，并接受当地动物疫病预防控制机构的监督，可以不接种高致病性禽流感疫苗。

➢ 当地动物疫病预防控制机构负责对免疫接种予以监督指导。

用什么疫苗?

高致病性禽流感免疫所用疫苗必须:

➢ 采用农业部批准使用的产品;

➢ 由动物疫病预防控制机构统一组织采购、逐级供应。

疫苗应该如何保存和运输？

➢ 冻干疫苗应在 – 20℃以下保存，灭活疫苗应在 2～8℃下保存。

➢ 疫苗应该在冷藏箱或放有冰块的保温桶中运输。

➢ 冬天要防冻，夏天要防止阳光照射。

免疫程序

➢ 规模养殖场每年按农业部颁布的免疫程序进行免疫。

➢ 对散养家禽实施春、秋集中免疫，每月对新补栏的家禽要及时补免。

➢ 由于毒株变异等原因，疫苗和免疫程序需要进行相应的调整，以农业部颁布的最新指导原则为准。

➢ 灭活疫苗优选禽背部皮下注射，慎用腿部肌肉注射。

➢ 农业部的网址是 www. agri. gov. cn。

疫苗免疫接种注意事项（1）

➤ 免疫人员必须经过专业培训，熟练掌握免疫操作技术、个人防护知识，了解如何防止疫病扩散。

➤ 在不同的养殖场户接种时，需要采取相应措施，防止车辆、鞋底等机械传播疫病。

➤ 疫苗接种前应当对动物群体的健康状况进行认真的检查，只有健康的禽群才能接种疫苗。否则，不但不能产生良好的免疫效果，而且有可能因为免疫接种的刺激，而诱发疫病的流行。

➤ 疫苗接种最好选在早晨，接种过程中应避免阳光照射、高温环境。疫苗使用后，应注意观察被接种家禽状况，发现过敏等异常反应，及时处理。

疫苗免疫接种注意事项（2）

➤ 免疫接种产生的废弃物应集中烧掉或深埋，切忌乱扔乱放。

➤ 疫苗接种的器械要事先消毒，注射器、针头要洗净并煮沸消毒后方可使用。家禽可在注射一笼、一散养户或30只时换一次针头，针头不足时，可边煮边用。

➤ 在免疫前搞好栏舍消毒工作，在免疫后3天内，禁用杀菌剂、杀虫剂，禁止喷雾消毒。

➤ 免疫后要保护好动物，免受野毒的侵袭。

疫苗免疫前的准备工作

➢ 准备相关器具：包括消好毒的注射器、针头、酒精棉球、碘酒棉球、免疫证和免疫登记表。

➢ 准备隔离防护用品：包括乳胶手套、口罩、防护服、胶靴等。一是防止动物携带的病原感染人，二是便于出入各养殖场所时进行清洗消毒，防止因免疫工作引起病原菌的传播。

疫苗使用前的检查

疫苗瓶口和铝盖胶塞是否封闭完好

检查是否是正规疫苗，包装有无破损，颜色有无改变，有无鼓气现象

是否在有效期内

如果疫苗出现某种异常，不得使用

疫苗的使用方法

➢ 按照说明书进行。

➢ 冻干疫苗：采用合适方法进行稀释。稀释时，先用注射器吸入少量稀释液注入疫苗瓶中，充分振摇，再加入其余稀释液。用饮水方法接种的疫苗稀释剂最好用蒸馏水、去离子水或深井的水，不能用自来水。冻干疫苗的稀释最好在冰上进行，稀释后可以存放在冰上，并且尽量在2小时内用完。

➢ 灭活疫苗的使用：使用前充分摇匀，疫苗启封后应于24小时内用完。夏天防止阳光照射，冬天可适当预暖一下（如在室温下搁置1～2小时）。

免疫档案的建立

➢ 免疫档案发挥着提供工作记录、技术储备、信息保存、规划制定、效果评价、疫病诊断、决策分析所需要的重要信息的作用。

➢ 养殖场必须建立自己的免疫档案，兽医管理部门必须建立本辖区的动物免疫档案。

➢ 免疫档案包括畜主、地址、免疫时间、畜禽种类、存栏数、应免数量、免疫数量、疫苗名称、疫苗生产厂家、生产批号、其他信息（如有些动物未免的原因）、畜主和免疫人员签字。

七、高致病性禽流感可疑疫情的报告

- 高致病性禽流感临床可疑疫情如何报告？
- 高致病性禽流感临床可疑疫情如何判定？

高致病性禽流感可疑疫情应该如何报告?

➤ 任何单位和个人发现禽类发病急、传播迅速、死亡率高等异常情况,应依法及时向当地动物防疫监督机构报告。

➤ 当地动物防疫监督机构接到疫情报告或了解可疑疫情情况后,应立即派人员到现场进行初步调查核实并采集样品,符合临床可疑疫情规定的,确认为临床可疑疫情。

高致病性禽流感临床可疑疫情由谁判定,判定的依据是什么?

➤ 高致病性禽流感临床可疑疫情由县级兽医部门判定。

➤ 判定依据是同时满足以下 3 个要求:

1. 禽发生急性发病死亡或不明原因死亡;

2. 符合前面所说的高致病性禽流感流行病学基本特征;

3. 至少发现了高致病性禽流感某一项临床或剖检指标。

高致病性禽流感临床或剖检的指标

➢ 脚鳞出血；

➢ 鸡冠出血或发绀、头部和面部水肿；

➢ 鸭、鹅等水禽可见神经和腹泻症状，有时可见角膜炎症，甚至失明；

➢ 蛋鸡产蛋量突然下降；

➢ 消化道、呼吸道黏膜广泛充血、出血；腺胃黏液增多，可见腺胃乳头出血，腺胃和肌胃交界处黏膜可见带状出血；

➢ 心冠及腹部脂肪出血；

➢ 输卵管的中部可见乳白色分泌物或凝块；卵泡充血、出血、萎缩、破裂，有的可见"卵黄性腹膜炎"；

➢ 脑部出现坏死灶、血管周围淋巴细胞管套、神经胶质灶、血管增生等病变；胰腺和心肌组织局灶性坏死。

八、样品的采集

● 针对高致病性禽流感可疑疫情，应采集多只病死禽的多个组织样品，包括气管、脾、肺、肝、肾和脑等样品。

● 每只禽的样品可放在一起进行编号、保存和运输。但是，如果采集的是粪、肠等细菌较多的样品，每份样品应当单独编号、保存和运输。

● 日常进行病原学检测或监测时，活禽可采集气管和泄殖腔拭子；小型禽用拭子取样易造成损伤，可采其新鲜粪便；死禽应该采集上述组织样品。

棉拭子的采集

➤ 使用两头都有棉花的棉签；

➤ 棉棒要有一定的硬度；

➤ 先打开禽的口腔，在喉部擦拭两圈；

➤ 再用另一头采集泄殖腔拭子，水禽的泄殖腔拭子要从肛门往后插入拭子，再往前插入半厘米；

➤ 两头的棉花都要看到有一定的蘸取物，但是泄殖腔拭子如果蘸取的粪便太多，要适当去掉一些。

采集喉拭子

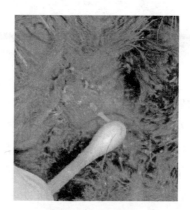

采集泄殖腔拭子

样品应该如何保存（1）？

➤采集的棉拭子，放入含有抗生素的pH值为7.0～7.4的PBS液的离心管内。

➤抗生素的选择视当地情况而定，组织和气管拭子悬液中应含有青霉素（2 000国际单位/毫升）、链霉素（2毫克/毫升）、庆大霉素（50微克/毫升）和制霉菌素（1 000国际单位/每毫升）。

➤粪便和泄殖腔拭子所有的抗生素浓度应提高5倍。加入抗生素后的PBS溶液的pH值一定要调至7.0～7.4。

样品应该如何保存（2）？

➤样品应密封于塑料袋或瓶中，置于有冰袋的容器中运输，容器必须密封，防止渗漏。容器应做好编号和标识。

➤拭子样品或血清样品若能在24小时内送到实验室，冷藏运输。否则，应冷冻运输。肺、肝和脑等组织样品应冷冻保存和运输。

➤如果采样单位有特殊的要求，按照采样单位的要求办理。

➤采样过程中，应及时填写好样品采集登记表。

禽血清样品的采集

➢ 需要用一次性注射器；

➢ 注射器编号后，从翅静脉处采集全血 2 毫升；

➢ 然后盖上注射器的盖子，倾斜放置数小时；

➢ 待血清析出后，轻轻将血清推入离心管中，编上对应的号码；

➢ 必要时，离心去除残留的凝血块。

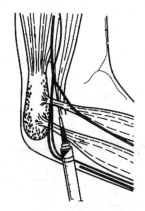

采血时，通常使禽不能抖动翅膀，这样可以防止损伤血管

翅静脉处采集鸡血

样品采集登记表及其填写范例

（编号： TJ0901 ）

样品种类	泄殖腔/咽混合拭子	样品编号	TJ31-TJ60
被采动物	鸭（TJ31-TJ52）、鹅（TJ53-TJ60）		
采样人	王斌	所在单位	××县动物疫病预防控制中心
场（户）名称	××县××活禽市场	联系电话	××××××××
采样地点	××县××路××号		
动物养殖状况(包括动物品种、饲养规模、饲养方式、卫生防疫、自然及人工屏障等)	定点贩卖，品种主要是鸡，也有少量鸭、鹅、鸽子，均笼养，提供现场宰杀服务，卫生状况较差，每周消毒一次，不休市，周围是其他农产品销售摊位，市场外即是居民区。		
临床症状及病史	外观健康，病史不清楚。		
动物免疫状况	不清楚。		
样品保存及运输条件	在泡沫箱中与冰块放在一起。		
被采样单位签字	经办人：×××（签字） ××年××月××日	采样人签字	姓名：×××（签字） ××年××月××日
备 注			

注：此单一式三联，一联随样品封存，另两联分别由采样单位和养殖单位保存。

日常要储备以下采样用品

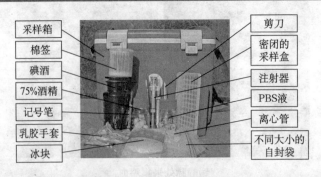

采样箱
棉签
碘酒
75%酒精
记号笔
乳胶手套
冰块

剪刀
密闭的采样盒
注射器
PBS液
离心管
不同大小的自封袋

九、高致病性禽流感应急处置规范

- 可疑疫情应该如何处置?
- 疑似疫情应该如何处置?
- 确诊疫情应该如何处置?
- 疫点、疫区、受威胁区如何划分?
- 如何采取扑杀、消毒、无害化处理措施?

可疑疫情应该如何处置？

➤ 对发病场户实施隔离、监控，禁止禽类、禽类产品及有关物品移动。

➤ 对发病场户内、外环境实施严格的消毒措施。

疑似疫情应该如何处置？

➤ 扑杀疑似禽群；

➤ 对扑杀禽、病死禽及其产品、污染物或可疑污染物进行无害化处理；

➤ 对其内、外环境实施严格的消毒措施，对污染的场所和设施进行彻底消毒；

➤ 限制发病场户周边3公里内的家禽及其产品移动。

确诊疫情应该如何处置？

➤ 疫情确诊后立即启动相应级别的应急预案。

➤ 疫情处理的全过程必须有完整详细的记录，并作为档案保存。

➤ 划定疫点、疫区、受威胁区。

➤ 对疫点应采取扑杀、消毒和无害化处理等措施。

➤ 对疫区应采取扑杀、封锁、消毒和无害化处理等措施。

➤ 对受威胁区内应采取紧急强制免疫和疫情监测，掌握疫情动态。

➤ 关闭疫点及周边13公里内所有家禽及其产品交易市场。

➤ 开展流行病学调查，分析疫源与追踪疫情流向。

➤ 疫情扑灭后，按照规范解除封锁。

疫点、疫区、受威胁区如何划分？

➤ 由所在地县级以上兽医行政管理部门划定疫点、疫区、受威胁区。

➤ 疫点：指患病动物所在的地点。一般是指患病禽类所在的禽场（户）或其他有关屠宰、经营单位；如为农村散养，应将自然村划为疫点。

➤ 疫区：一般而言，由疫点边缘向外延伸3公里的区域划为疫区，但是应注意考虑当地的饲养环境、天然屏障（如河流、山脉等），对疫区范围进行适当地缩小或扩大。

➤ 受威胁区：将由疫区边缘向外延伸5公里的区域划为受威胁区。

如何采取封锁措施?

➢由县级以上兽医主管部门报请同级人民政府决定对疫区实行封锁。

➢人民政府在接到封锁报告后,应在 24 小时内发布封锁令,对疫区进行封锁:在疫区周围设置警示标志,在出入疫区的交通路口设置动物检疫消毒站,对出入的车辆和有关物品进行消毒。必要时,经省级人民政府批准,可设立临时监督检查站,执行监督检查任务。

➢跨行政区域发生疫情的,由共同上一级兽医主管部门报请同级人民政府对疫区发布封锁令,对疫区进行封锁。

消毒的设备和必需品

➢清洗工具:扫帚、叉、铲、锹和冲洗用水管。

➢消毒工具:喷雾器、火焰喷射枪、消毒车辆、消毒容器等。

➢消毒剂:清洁剂、醛类、强碱、氯制剂类等合适的消毒剂。

➢防护装备:防护服、口罩、胶靴、手套、护目镜等。

对不同的对象，有哪些消毒方法？

➤ 圈舍和场地：喷洒消毒液，对污物、粪便、饲料等进行初次消毒⇒进行清理⇒再喷洒消毒液⇒进行再次消毒⇒再进行清洗，对不易冲洗的圈舍，清除废弃物和表土，进行堆积发酵处理。

➤ 金属设施设备：可采取火焰、熏蒸等方法消毒。

➤ 木质工具及塑料用具：采取用消毒液浸泡消毒。

➤ 衣服等消毒：采取浸泡或高温高压消毒。

➤ 运载工具：消毒方法同场地消毒，但需要采用腐蚀性较小的消毒液；从相关车辆上清理下来的废弃物按无害化处理。

➤ 水沟、水塘：可投放生石灰或漂白粉。

➤ 疫点和疫区：疫点每天消毒1次，连续1周，1周以后每两天消毒1次。疫区内疫点以外的区域每两天消毒1次。疫区内可能被污染的场所应进行喷洒消毒。

哪些消毒剂能有效杀灭禽流感病毒？

➤ 禽流感病毒在外界环境中存活能力较差。

➤ 只要消毒措施得当，养禽生产实践中常用的消毒剂，如醛类、含氯消毒剂、酚类、氧化剂、碱类等均能杀死环境中的禽流感病毒。

➤ 防止假冒的消毒剂。

场舍环境采用下列消毒剂消毒效果比较好

➢用甲醛熏蒸消毒。密闭的圈舍，可按每立方米7～21克高锰酸钾加入14～42毫升福尔马林进行熏蒸消毒。熏蒸时，先在容器中加入高锰酸钾后再加入福尔马林溶液，密闭门窗7小时以上便可达到消毒目的，然后敞开门窗通风换气。

➢用含氯消毒剂（如漂白粉）消毒。可用5%漂白粉溶液喷洒于动物圈舍、笼架、饲槽及车辆等进行消毒，常用于食品厂、肉联厂设备和工作台面等物品的消毒。

➢用碱类制剂消毒。用94%氢氧化钠的粗制碱液加热配成1%～2%的水溶液，用于消毒鸡舍地面、墙壁和污物等，也用于屠宰场地面以及运输车辆等物品的消毒。喷洒6～12小时后，用清水冲洗干净。

为什么疫点周围半径3公里范围内所有家禽都要扑杀？

➢不能刻板地将疫点周围半径3公里都化为疫区。

➢如果疫点3公里周围内存在很好的自然屏障，如山川、河流、大面积的树林等，可以适当缩小疫区的划分。

➢除此之外，还应考虑当地的饲养环境。例如，如果疫点和3公里之外的一些地方人员或车辆往来密切，可适当扩大疫区的范围。

➢疫区范围内的禽最易受到感染，为了保证疫情能够得到彻底扑灭，防止疫情扩散，将疫点和疫区内免疫效果不确切的家禽全部扑杀是完全必要的。

➢这是控制动物烈性传染病最有效的做法，也是国际通行的做法。

疫区内免疫合格的家禽可以不扑杀

➢对于经过动物防疫监督机构调查和监测，确认防疫工作扎实，并且 H5 免疫抗体合格的规模化养殖场的家禽，可以不扑杀，但必须接受当地动物防疫监督机构的监管，做好隔离和消毒工作。

有哪些方法扑杀家禽？

扑杀人员需要采取适当的防护措施，扑杀过程中，需要认真考虑如何防止因为扑杀工作而引起疫情的扩散。其中必须包括如何对扑杀所用的车辆进行消毒，具体的方法有：

➢**窒息法**：先将待扑杀禽装入袋中，置入密封车或其他密封容器，通入二氧化碳窒息致死；或将禽装入密封袋中，通入二氧化碳窒息致死；

➢**扭颈法**：扑杀量较小时采用。根据禽的大小，一手握住头部，另一手握住体部，朝相反方向扭转拉伸；

➢**其他方法**：可根据本地实际情况，采用其他能够避免病原扩散的扑杀方法。

为什么要将病死禽和扑杀的家禽进行无害化处理？

➢ 因为病死禽和被扑杀的家禽体内可能含有高致病性禽流感病毒。

➢ 如果不及时对这些家禽进行无害化处理，让它们流入市场或扔到野外，可能会造成疫情的传播扩散，同时也危害消费者的健康。

哪些东西需要进行无害化处理？

➢ 所有病死禽、被扑杀禽及其产品、排泄物。

➢ 被上述物品污染或可能被污染的垫料、饲料和其他物品。

➢ 清洗所产生的污水、污物。

如何进行无害化处理？

➢ 应符合环保要求，所涉及的运输、装卸等环节应避免洒漏，运输装卸工具要彻底消毒。

➢ 有深埋法、工厂化处理、堆肥发酵、焚烧等方法。

深埋进行无害化处理

➢ 应当避开公共视线，选择地表水位低、远离学校、公共场所、居民住宅区、动物饲养场、屠宰场及交易市场、村庄、饮用水源地、河流等地方。

➢ 位置和类型应当有利于防洪。

➢ 坑的覆盖土层厚度应大于 1.5 米，坑底铺垫生石灰，覆盖土以前再撒一层生石灰。

➢ 禽类尸体置于坑中后，浇油焚烧，然后用土覆盖，与周围持平。

➢ 填土不要太实，以免尸腐产气造成气泡冒出和液体渗漏。

➢ 饲料、污染物等置于坑中，喷洒消毒剂后掩埋。

堆肥发酵进行无害化处理

➤ 饲料、粪便可在指定地点堆积，密封彻底发酵，表面应进行消毒。

➤ 可以采取以下操作方法：避开水源和洼地，在距离禽舍100～200米的地方，挖一个宽1.5～2.5米，深约20厘米的坑，从坑底两侧至中央有不大的倾斜度，长度视粪便量的多少而定。在坑底垫上少量干草，其上堆放欲消毒的禽粪，高度为1～1.5米，然后再在粪堆外围堆上10厘米厚的干草或干土，最后抹上10厘米厚的泥土，如此密封发酵2～4月，即可用作肥料。

焚烧进行无害化处理

可以采取以下操作方法：

➤ 挖一个长2.5米、宽1.5米、深0.7米的焚尸坑；

➤ 坑底放上木柴，在木柴上倒上煤油；

➤ 病死禽尸体放上后再倒煤油，放木柴，最后点火；

➤ 一直到禽尸体烧成黑炭样为止，焚烧后就地埋入坑内。

解除封锁的时间是如何规定的?

➢ 某地发生高致病性禽流感疫情后，在疫区扑杀了最后一只家禽后，再封锁至少21天（一个最长的潜伏期），才能解除封锁。

扑灭一起疫情的标准是什么?

➢ 对疫区采取扑杀措施和彻底消毒后，至少21天无新的禽流感病例出现，表明该疫情已被扑灭。

➢ 由当地县级人民政府宣布疫情的扑灭。

发生疫情地区的养殖户如何获得补偿?

➢ 对发生疫情的地区，国家对养殖户实行经济补偿政策。

➢ 主要是对直接扑杀并经核实的禽类及销毁的禽产品，按照国家制定的相关政策进行经济补偿。

发生高致病性禽流感的地区，
农户应该如何配合政府做好工作？

➤一旦发生疑似高致病性禽流感，政府将对疑似病禽实行隔离、封锁，并进一步确诊。

➤当确认为高致病性禽流感后，政府将立即封锁疫区，对病禽进行扑杀，进行彻底消毒环境，防止疫情进一步扩散。

➤在政府采取措施的同时，农户应该积极配合政府的工作，防止疫情的蔓延和扩散。

➤同时，各级人民政府一定要把补偿资金落实到位。

发生高致病性禽流感可疑疫情后，
养殖户可以自行处理吗？

➤不可以。

➤国家法律明确规定，发现应当立即向当地兽医主管部门、动物卫生监督机构或者动物疫病预防控制机构报告。

➤并且还要采取隔离等控制措施，防止动物疫情扩散。

十、高致病性禽流感流行病学调查

- 如何调查？
- 调查什么？
- 如何开展溯源调查？
- 如何开展追踪调查？

如何调查？调查什么？

如何调查？

➢ 到养禽场或养殖户进行的实地考察、询问有关人员；

➢ 做好记录。

调查什么？

➢ 发病禽场的养殖状况；

➢ 发病过程；

➢ 临床症状；

➢ 周边环境；

➢ 必要时，还要在上级指示下或协助下，开展溯源调查和跟踪调查。

高致病性禽流感流行病学初次调查表

场/户主姓名：		电话：	
场/户名称：		邮编：	
场/户地址			
场址地形环境描述			
发病期间天气状况	（温度、阴晴、旱涝、风向、风力等）		
场区防疫条件	□进场要洗澡洗衣　　□进生产区要换胶靴 □场舍门口有消毒池　□供料道与出粪道分开		
污水排向	□附近河流　□农田沟渠　□附近村庄　□野外湖区 □野外水塘　□野外荒郊　□其他		
禽主所述饲养情况、饲养品种、饲养数量、日龄情况			
禽主所述发病情况：包括发病起始日期、持续时间、每日病死禽数			
调查人员观察到的临床症状			
调查结论			
调查人员签字：	调查人电话：		调查日期：

溯源调查

➢ 发病前 21 天内，禽和禽产品引入情况，以及人员和车辆出入情况。如果有禽和禽产品引入，调查其源头是否有疫情和运输的过程，同批动物的去向和发病情况。

➢ 发病禽的日常饲养和卫生防疫情况，包括人员与车辆出入的限制、疫苗接种详细情况、饲养密度、地面卫生。

➢ 疫点的地理生态特征和最近的天气情况，包括周边的水沟、河流等地形分布情况、交通运输、人口居住、野禽活动、家禽散养、禽产品流通等情况。

➢ 综合以上信息，分析疫情的来源和发生的原因。

追踪调查

➢ 调查出入发病养禽场或养殖户的有关工作人员和所有家禽、禽产品及有关物品的流动情况。

➢ 调查疫点、疫区的家禽、水禽、猪、留鸟、候鸟等动物的发病情况。

➢ 调查因为发病场的人或物品进出而受到威胁的地区家禽是否发病。

十一、人感染高致病性禽流感的预防

● 目前，人有感染高致病性禽流感病毒的可能性。

● 虽然这种可能性很小，但一旦人感染高致病性禽流感病毒，可能会出现严重的症状，甚至死亡。

● 对于密切接触家禽的人员，特别是病死禽的人员，需要采取适当措施，防止感染高致病性禽流感病毒。

● 这些人员包括基层兽医人员。

人是如何感染高致病性禽流感的？

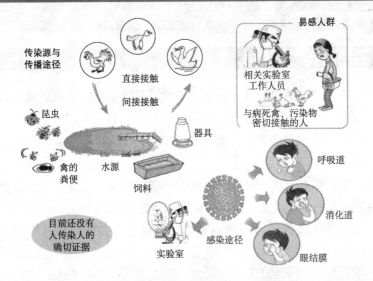

传染源与传播途径

直接接触
间接接触

易感人群

相关实验室工作人员

与病死禽、污染物密切接触的人

昆虫

器具

禽的粪便

水源

饲料

目前还没有人传染人的确切证据

实验室

感染途径

呼吸道

消化道

眼结膜

人是如何防止感染高致病性禽流感的？

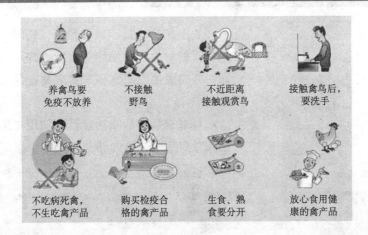

养禽鸟要免疫不放养

不接触野鸟

不近距离接触观赏鸟

接触禽鸟后，要洗手

不吃病死禽，不生吃禽产品

购买检疫合格的禽产品

生食、熟食要分开

放心食用健康的禽产品

人感染高致病性禽流感病毒后，会出现哪些症状？

➤ 人感染高致病性禽流感病毒后，起病很急，早期表现类似于流感。

➤ 主要表现为发热，体温大多在 39℃ 以上，持续 1～7 天，一般为 3～4 天。

➤ 可伴有流涕、鼻塞、咳嗽、咽痛、头痛、全身不适，部分患者可有恶心、腹痛、腹泻、稀水样便等消化道症状。

➤ 重症患者还可出现肺炎、呼吸窘迫等表现，甚至可导致死亡。

人感染后，治疗的关键是什么？

➤ 早发现
➤ 早报告
➤ 早隔离
➤ 早治疗

➤ 在与家禽或禽产品接触后，特别是与病禽接触后，出现发热等症状，应马上就医，并向医生说明你和家禽或禽产品的接触史。

➤ 经过抗病毒药物治疗以及使用支持疗法和对症疗法，绝大部分病人都可以康复出院。

在处理疫情时，兽医人员要采取哪些防护措施？

➤ 需要穿防护服、戴可消毒的橡胶手套、戴 N95 口罩或标准手术用口罩、戴护目镜、穿胶靴。

➤ 工作完毕后，在离开感染或可能感染场和无害化处理地点前，对场地及其设施进行彻底消毒，在场内或处理地的出口处脱掉防护装备，将脱掉的防护装备置于容器内进行消毒处理。胶靴和护目镜等要清洗消毒。对换衣区域进行消毒。人员用消毒水洗手，工作完毕要洗澡换衣。

穿上防护服的顺序

1. 戴帽子

2. 戴口罩

3. 穿防护服

4. 戴防护眼镜

5. 穿胶靴（鞋套）

6. 戴手套（将手套套在防护服外面）

脱下防护服的顺序

1. 摘下防护眼镜，
   放入消毒桶中

2. 解开防护服

3. 脱下手套

4. 脱掉防护服

5. 脱胶靴（鞋套）
   放入消毒桶中

6. 脱下口罩

7. 摘帽子

8. 洗手消毒

十二、桌面演习

● 每个情景给学员 10 分钟思考时间；

● 然后选择 10 位学员回答问题；

● 最后培训老师予以总结。

第一种情景

➢ 3月5日，一名乡兽医站工作人员王某根据领导的安排，给某一个蛋鸡场2 000只产蛋鸡注射了H5亚型高致病性禽流感疫苗。

➢ 3月9日，这个蛋鸡场的主人给王某打电话，说打完疫苗后，有不少蛋鸡就不下蛋了，并且从3月8日开始，有不少蛋鸡开始发病死亡，问王某怎么赔偿他的经济损失。

➢ 如果您是王某，您应该怎么办？

第二种情景

➢ 您是某乡镇兽医站的站长，今天早上您听到您的同事说，你们所在的县某个养鸭场发生了高致病性禽流感疑似疫情。

➢ 听到这个消息，您应该做哪些准备工作？

第三种情景

➢ 您是某乡镇兽医站的站长，今天早上您接到上级电话说，你们所在的县发现一例人感染高致病性禽流感病例，要求你们做好应急准备。

➢ 听到这个消息，您应该怎么办？

致　谢

● 本教材的编写得到了世界银行禽/人禽流感信托基金赠款（澳大利亚、欧盟等方面捐赠）资助。

● 本教材的编写得到了农业部兽医局、农业部对外经济合作中心、中国动物卫生与流行病学中心、中国农业科学技术出版社、辽宁省和安徽省兽医主管部门和技术支撑单位的大力支持。

● 中国医科大学周宝森教授、新西兰 Massey 大学 Roger Morris 教授对此书的出版，给予很多帮助。

● 我们向上述单位有关领导、专家和朋友们表示衷心的感谢！